JIGNASA JOSHI
MANISH JANI
AARTI KAVANE

ESTUDO SOBRE A VIDA PÓS-COLHEITA DE CERTAS FRUTAS E PRODUTOS HORTÍCOLAS

JIGNASA JOSHI
MANISH JANI
AARTI KAVANE

ESTUDO SOBRE A VIDA PÓS-COLHEITA DE CERTAS FRUTAS E PRODUTOS HORTÍCOLAS

Frutas, legumes e questões pós-colheita

ScienciaScripts

Imprint

Cover image: www.ingimage.com

This book is a translation from the original published under ISBN 978-613-9-90160-9.

Publisher:
Sciencia Scripts
is a trademark of
Dodo Books Indian Ocean Ltd. and OmniScriptum S.R.L publishing group

120 High Road, East Finchley, London, N2 9ED, United Kingdom
Str. Armeneasca 28/1, office 1, Chisinau MD-2012, Republic of Moldova, Europe
Printed at: see last page
ISBN: 978-620-8-24928-1

PREFÁCIO

O livro "POST HARVEST LIFE OF CERTAIN FRUITS AND VEGETABLES" do **Dr. J.B. Joshi** é o resultado de esforços sinceros e combinados dos autores e da LAP LAMBERT Academic Publishing. O seu principal objetivo foi fornecer conteúdos relevantes para a resolução de problemas rotineiros da vida quotidiana.

O autor procurou apresentar a matéria de uma forma fácil de compreender, sem sacrificar os pormenores essenciais e os princípios gerais e evitando, no entanto, matérias redundantes e complicações desnecessárias. Espera-se que o livro, tal como está, satisfaça adequadamente as necessidades dos estudantes de investigação a quem se destina.

As sugestões e críticas para a melhoria deste livro serão agradecidas e incluídas numa futura edição.

Departamento de Botânica, Christ College - **Dr. J.B. Joshi**

Departamento de Botânica, Bahaudin Science College - **Dr. Manish Jani**

Departamento de Botânica, Christ College - **Dr. Aarti Kavane**

Reconhecimento

Os autores estão gratos ao nosso Diretor do Campus, o Rev. Padre Jomon Thomanna, e à Diretora, a Dra. Yvonne Fernandes, pela orientação contínua e pelo apoio moral que nos deram.

Estamos igualmente gratos aos nossos estudantes de botânica pela sua ajuda e apoio.

Por último, mas não menos importante, estamos também gratos às frutas e legumes por terem escarificado a sua vida em prol da nossa investigação.

Conteúdo

Introdução

Os frutos e produtos hortícolas frescos (FFV) são uma fonte importante de vitaminas e minerais essenciais, como a vitamina A, a vitamina C e o potássio, necessários para o bem-estar humano.

São, no entanto, produtos vivos perecíveis que exigem uma atividade coordenada por parte dos produtores, operadores de armazenamento, transformadores e retalhistas para manter a qualidade e reduzir a perda e o desperdício de alimentos. O grau de coordenação pode variar muito, desde o mais simples, no caso do abastecimento local de géneros alimentícios, até ao mais complexo, no caso das cadeias de abastecimento globais.

A Organização das Nações Unidas para a Alimentação e a Agricultura (FAO) estimou que 32% (com base no peso) de todos os alimentos produzidos no mundo foram perdidos ou desperdiçados em 2009 [1]. Quando convertidas em calorias, as perdas globais representam aproximadamente 24% de todos os alimentos produzidos. Reduzir a perda e o desperdício de FFV é importante, uma vez que estes alimentos fornecem nutrientes essenciais e representam fontes de receitas nacionais e internacionais.

Os atributos dos produtos frescos (aspeto, textura, sabor e valor nutricional) têm sido critérios de qualidade tradicionais, mas cada vez mais a segurança (química, toxicológica e microbiana) e a rastreabilidade são importantes para todos os intervenientes ao longo da cadeia de abastecimento, desde a exploração agrícola até aos consumidores.

Existem diferenças substanciais entre as variedades de determinados produtos hortícolas e frutos. As variedades diferem no que diz respeito à resistência às intempéries, aos insectos e às doenças; diferem também no tamanho, na forma, no tempo de maturação e na resistência aos danos físicos. As diferenças varietais estendem-se ainda à estabilidade de armazenamento em armazém e à adequação a métodos de transformação como o enlatamento, a congelação, a decapagem ou a secagem.

Uma variedade de ervilhas que seja adequada para enlatamento pode ser bastante insatisfatória para congelamento, e as variedades de batatas que são preferidas para congelamento podem ser menos satisfatórias para secagem ou fabrico de batatas fritas. Devido à importância das diferenças varietais, as grandes empresas alimentares fornecem geralmente sementes especiais da sua escolha aos agricultores cujas colheitas contratam para comprar com um ano de antecedência. É também frequente gerirem as suas próprias explorações hortícolas para garantir um abastecimento suficiente de matérias-primas uniformes de alta qualidade.

Tal como acontece com os legumes, a diversidade de tipos de frutos é ampliada por numerosas variedades de um determinado fruto. Existem cerca de 1000 variedades de maçãs e cerca de 3000 variedades de pêras, mas destas apenas algumas são comercialmente importantes. Alguma fruta é comercializada fresca, mas a maior parte é transformada numa vasta gama de produtos diferentes. Por exemplo, as maçãs são utilizadas das seguintes formas:

consumidas frescas, compota de maçã, fatias de maçã enlatadas, sumo e cidra de maçã, geleias, fatias congeladas e fatias secas.

Para obter os melhores resultados, as variedades de maçã devem ser adaptadas a utilizações finais específicas e as fábricas de transformação estão frequentemente equipadas para fabricar os produtos para os quais as variedades de maçã locais são mais adequadas.

Os produtos frescos são frequentemente consumidos crus ou após um processamento mínimo e a contaminação por agentes patogénicos alimentares pode representar um risco de surtos de doenças de origem alimentar [2]. *Listeria monocytogenes*, *Salmonella enteritidis* phage, *Escherichia coli* O157:H7, O104:H4 são os principais agentes patogénicos que contribuem para surtos de doenças de origem alimentar, sendo os produtos frescos vectores destes agentes patogénicos [3].

Devido a múltiplas incertezas ao longo da cadeia de abastecimento, a contaminação microbiana que conduz à deterioração e às perdas pós-colheita pode ocorrer em qualquer uma das fases do processo contínuo, desde a exploração agrícola até ao consumidor. Por conseguinte, os tratamentos pós-colheita são essenciais para minimizar a deterioração microbiana e reduzir o risco de contaminação por agentes patogénicos das FFV [4].

Perdas pós-colheita

Num mundo faminto e cada vez mais competitivo, a redução das perdas de alimentos pós-colheita é um importante objetivo agrícola. No caso de produtos altamente perecíveis, como o tomate, a abóbora e o pêssego, cerca de 30% da colheita pode perder-se devido a doenças pós-colheita antes de chegar ao consumidor. Os investimentos efectuados para conservar os alimentos após a colheita são geralmente menos onerosos para o produtor e para o consumidor e menos prejudiciais para o ambiente do que os esforços para aumentar a produção. Mesmo uma redução parcial das perdas pós-colheita pode reduzir significativamente o custo global de produção e diminuir a nossa dependência de terras marginais e de outros recursos escassos.

Muitos factores contribuem para as perdas pós-colheita de frutos e produtos hortícolas frescos. Estes incluem condições ambientais, como o calor ou a seca, danos mecânicos durante a colheita e o manuseamento, saneamento pós-colheita inadequado e controlo ambiental e de refrigeração deficientes.

Os esforços para controlar estes factores são frequentemente bem sucedidos na redução da incidência de doenças. Por exemplo, a redução dos danos mecânicos durante a classificação e o acondicionamento diminui consideravelmente a probabilidade de ocorrência de doenças pós-colheita, porque muitos organismos causadores de doenças (agentes patogénicos) têm de entrar através de feridas. Os produtos químicos têm sido amplamente utilizados para reduzir a incidência de doenças pós-colheita.

Embora eficazes, muitos destes materiais foram retirados do mercado nos últimos anos devido a preocupações económicas, ambientais ou de saúde. O interesse crescente no manuseamento adequado pós-colheita de frutos e legumes frescos levou à utilização generalizada de calhas, tanques de descarga de água, lavadores por pulverização e hidro-arrefecedores. Para conservar água e energia, a maioria dos processos pós-colheita que molham os produtos recirculam a água depois de esta ter passado sobre os produtos. Esta água recirculada recolhe sujidade, lixo e organismos causadores de doenças. Se não forem tomadas medidas para evitar a sua propagação, estes organismos podem infetar todos os produtos que são subsequentemente processados. No passado, foram utilizados vários fungicidas e bactericidas (isoladamente ou em combinação com a cloração) para evitar a transmissão de doenças.

Estes materiais têm sido frequentemente preferidos em relação à cloração, porque proporcionam alguma proteção residual após o tratamento. Atualmente, a cloração é uma das poucas opções químicas disponíveis para ajudar a gerir as doenças pós-colheita. Quando utilizada em conjunto com outras práticas corretas de manuseamento pós-colheita, a cloração é eficaz e relativamente barata. Representa uma ameaça reduzida para a saúde ou para o ambiente.

Materiais de revestimento comestíveis

Numerosas variedades de frutas e legumes são caracterizadas pela cutícula, uma camada cerosa natural na superfície, que, geralmente, tem uma baixa permeabilidade ao vapor de água. Para melhorar as propriedades de barreira da cutícula e/ou substituí-la quando as operações de processamento a removem, podem ser aplicados revestimentos comestíveis.

Objetivo do manuseamento pós-colheita

O objetivo do tratamento pós-colheita é, portanto, a criação de uma compreensão de todas as operações envolvidas desde a colheita até à distribuição, de modo a permitir que as pessoas apliquem a tecnologia adequada em cada etapa e de forma a minimizar as perdas e manter a qualidade o mais elevada possível durante a cadeia de distribuição. O agricultor deve dar, entre outras, uma atenção especial e cuidadosa às seguintes etapas da cadeia pós-colheita:

-A procura no mercado dos produtos que tencionam cultivar;

-Necessidades do mercado e compradores;

-Conhecimento dos produtos frescos;

-Práticas de cultivo;

-Factores que afectam a deterioração pós-colheita;

-Colheita e tratamento no terreno;

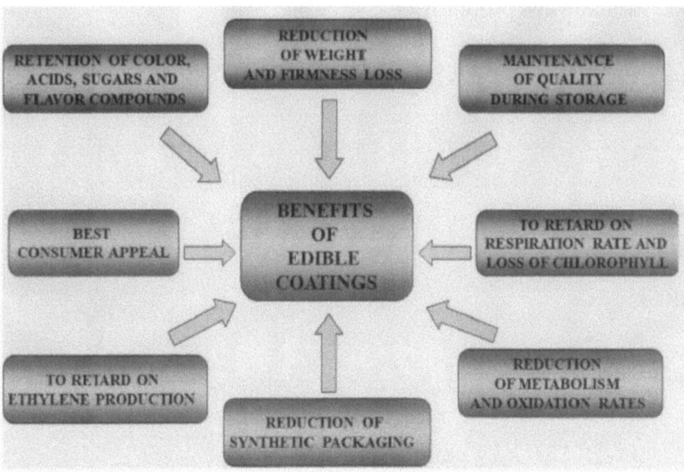

Figura 1. Principais benefícios dos revestimentos comestíveis

-Embalagem no terreno;

-Manuseamento e acondicionamento na casa de embalagem;

-Armazenamento e refrigeração comuns;

-Transporte;

-Venda a agentes, comerciantes ou consumidores;

-Manuseamento do mercado, e

-Prazo de validade dos produtos.

Material

Material utilizado para os frutos

- Frutos :-Maçã (*Malus domestica*)

  Chiku (*Manikara zapota*)

  Banana (*Musa*)

- Aloé vera
- Limão
- Ácido ascórbico

Material utilizado para os produtos hortícolas

***Solanum lycopersicum* (tomate)**

Família -solanaceae

O tomate é originário da América Central e do Sul e a sua utilização como alimento teve origem no México e espalhou-se por todo o mundo. Cresce frequentemente em climas temperados como uma planta anual.

Utilizar :

É uma excelente fonte de vitamina C e outros anti-oxidantes. O tomate pode ajudar a combater a formação de radicais livres conhecidos por causar cancro. Ajuda a manter a tensão arterial saudável.

Utilização económica: são culturas de curta duração. São muito bem adaptadas a diferentes sistemas de cultivo que são utilizados em cereais e leguminosas.

***Capsicum annum* (pimento)**

Família-solanaceae

Utilizações:

Os papéis quentes culinários são utilizados como alimento em África e noutros locais do mundo. Os produtos químicos **capsinóides** proporcionam os sabores distintivos das variantes *de C. annuum.* A **capsaicina**, em particular, cria uma sensação de ardor ("picante") que, em casos extremos, pode durar várias horas após a ingestão. Foi criada uma medida chamada **escala de Scoville** para descrever o ardor dos pimentos e de outros alimentos.

Medicinal

O botânico inglês John Lindley descreveu *C. annuum* na página 509 da sua "Flora Medica" de 1838 da seguinte forma

> É utilizada em medicina, em combinação com a *cinchona*, nas afecções intermitentes e letárgicas, e também na gota atónica, na dispepsia acompanhada de faltuleência, na timpanite, na paralisia, etc. A sua aplicação mais valiosa parece, no entanto, ser a *incynanche maligna* e *a scarlatina maligna* "

Abelmoschus esculentus **(dedo de moça)**

Família-malvaceae

A origem geográfica do quiabo é controversa, com defensores das origens da África Ocidental, da Etiópia e do Sul da Ásia. A planta é cultivada em regiões tropicais, subtropicais e temperadas quentes em todo o mundo.

Utilizações:

Este vegetal rico em fibras é conhecido pelo seu elevado teor de fibras solúveis e insolúveis. Este vegetal rico em fibras é conhecido pelo seu elevado teor de fibras solúveis e insolúveis. Este vegetal é normalmente utilizado em muitas receitas e também faz parte de muitas dietas nutricionais, uma vez que é altamente benéfico. Vejamos rapidamente alguns dos fantásticos benefícios do quiabo.

Utilizações medicinais: Alivia a asma, reduz o colesterol, controla a diabetes, reforça o sistema imunitário, previne doenças renais, promove uma gravidez saudável.

Solanum melongena **(couve-galega)**

Família - solanaceae

A couve-galega é uma planta originária da Índia e do Sri Lanka. Os antepassados do brinjal eram muito cultivados no sul da Índia. Embora tenha uma longa e rica história.

Utilizações:

Ajuda a manter a diabetes controlada, Ajuda o coração, Ajuda o cérebro, Ajuda na produção de ferro, Facilita a perda de peso, Ajuda a digestão, Mantém as doenças crónicas afastadas, Ajuda a deixar de fumar, Propriedades antibacterianas

***Cyamopsis tetragonoloba* (feijão-caupi)**

Família: Fabaceae

A origem da *Cyamopsis tetragonoloba* é desconhecida, uma vez que nunca foi encontrada na natureza. Presume-se que se tenha desenvolvido a partir da espécie africana *Cyamopsis senegalesis*. Foi posteriormente domesticado na Índia e no Paquistão, onde é cultivado há muitos séculos. O guar cresce bem em zonas semiáridas, mas é necessária uma precipitação frequente.

Utilizações:

Os feijões guar são normalmente um método rico de obtenção de proteínas, fibras solúveis também, juntamente com estes, inclui numerosas vitaminas importantes, nomeadamente vitamina K, vitamina C, vitamina A, foliates, e abundante em hidratos de carbono, e tem minerais, nomeadamente, fósforo, cálcio, ferro, potássio, juntamente com absolutamente nenhum colesterol e gorduras

Uso medicinal: Tem baixo índice glicémico, ótimo para diabéticos, benéfico para a saúde cardiovascular, fortalece os ossos, melhora a circulação sanguínea,

- Escova,
- Placa de Petri,

Método

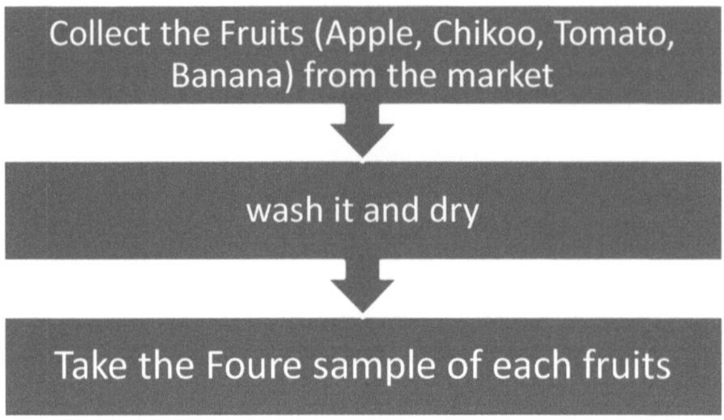

Preparação da solução de revestimento de aloé vera

Depois de separar o gel de aloé vera do córtex exterior, este hidroparênquima incolor foi misturado. Esta mistura foi então filtrada para remover as fibras. O líquido obtido constitui o gel fresco de aloé vera.

Aplicação de tratamentos experimentais

Os frutos - maçã, chikoo, banana e legumes - tomate foram selecionados de acordo com o tamanho, a forma e a cor. Depois de mergulhados numa solução de gel de aloé vera, sumo de limão e solução de ácido ascórbico a 5% durante 5 minutos, os frutos (maçã, chikoo, banana e tomate) foram secos ao ar e mantidos em tabuleiros colocados no chão do laboratório à temperatura ambiente. A temperatura da sala de armazenamento foi registada diariamente durante o período de estudo com a ajuda de um termómetro digital. As temperaturas mínima e máxima durante o período de estudo da sala de armazenamento foram de 29^0 C a 33^0 C, respetivamente.

- **Alterações físicas e de cor**

Os caracteres externos dos frutos, como a cor e as alterações físicas, foram registados logo após a colheita dos frutos; as alterações da cor da casca foram registadas durante o armazenamento, comparando as cores com uma tabela de cores padrão (tabela de cores da Royal Horticultural Society).

Para os legumes

A metodologia selecionada foi uma adaptação de uma avaliação de sistemas mais abrangente descrita por La Gra (1990).

- Em primeiro lugar, escolhemos os legumes que têm uma vida útil curta. Aqui recolhemos 3 amostras de cada legume, como o dedo de moça, o brinjal, a malagueta, o tomate e o feijão de cacho.

- Pegar nos legumes. Lave-os com detergente. Deixar secar.
- O primeiro é como controlo, o segundo é revestido com sumo *de aloé vera*, o terceiro é revestido com sumo de limão.

➢ Coloque sumo *de aloé vera* e sumo de limão num recipiente. Depois, aplique este sumo nos vegetais com a ajuda de um pincel.

➢ Em seguida, observe-o após cada 24 horas e anote o resultado.

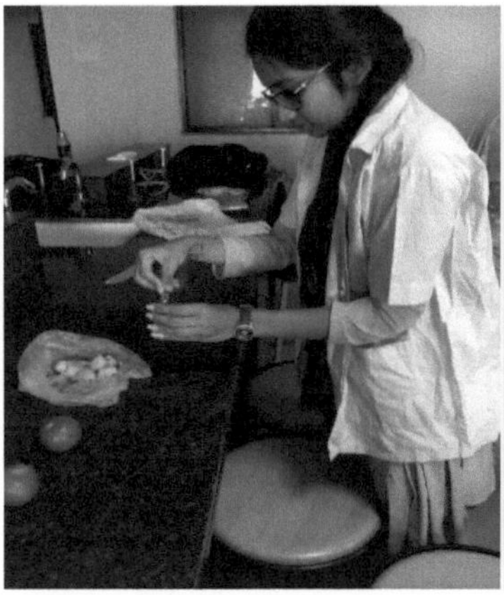

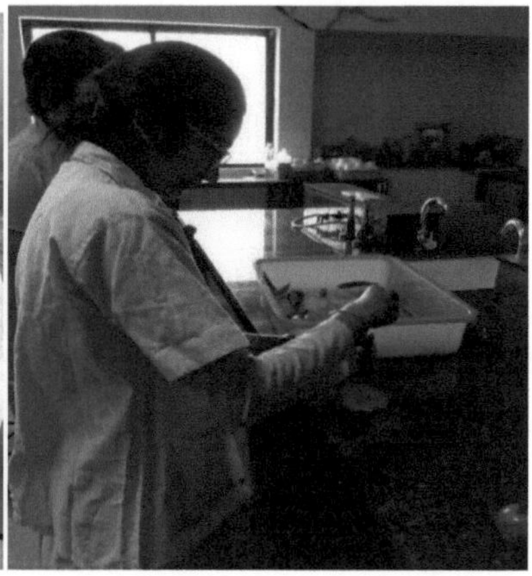

Resultado

1st Dia:

Frutos	Amostra	Aloé Vera	Limão	Ácido ascórbico
Apple	**Fresco**	**Fresco**	**Fresco**	**Fresco**
Chiku	**Fresco**	**Fresco**	**Fresco**	**Fresco**
Tomate	**Fresco**	**Fresco**	**Fresco**	**Fresco**
Banana	**Fresco**	**Fresco**	**Fresco**	**Fresco**

5th Dia:

Frutos	Amostra	Aloé Vera	Limão	Ácido ascórbico
Apple	**Fresco**	**Fresco**	**deteriorado**	**Fresco**
Chiku	**deteriorado**	**Fresco**	**deteriorado**	**deteriorado**
Tomate	**Fresco**	**deteriorado**	**Fresco**	**deteriorado**
Banana	**deteriorado**	**deteriorado**	**deteriorado**	**deteriorado**

10th Dia:

Frutos	**Amostra**	**Aloé Vera**	**Limão**	**Ácido ascórbico**
Apple	Fresco	Fresco	deteriorado	Fresco
Chiku	deteriorado	Fresco	deteriorado	deteriorado
Tomate	Fresco	deteriorado	Fresco	Deteriorado
Banana	deteriorado	deteriorado	deteriorado	deteriorado

Último dia:

Frutos	Amostra	Aloé Vera	Limão	Ácido ascórbico
Apple	Fresco	deteriorado	deteriorado	Fresco
Chiku	deteriorado	deteriorado	deteriorado	Fresco
Tomate	Fresco	deteriorado	deteriorado	deteriorado
Banana	deteriorado	deteriorado	deteriorado	deteriorado

Resultado para legumes

***Abelmoschus esculentus* (dedo de moça)**			
	Controlo	*Aloé vera* sumo	Limão sumo
Primeiro dia	Fresco	Fresco	Fresco
Dia da deterioração	3rd dia	5th dia	4th dia
***Solanum melongena* (couve-galega)**			
Dia	controlo	Sumo de *aloé vera*	Sumo de limão
Primeiro dia	Fresco	Fresco	Fresco
Dia da deterioração	4th dia	5th dia	8th dia

***Capsicum annum* (pimento)**			
Dia	controlo	sumo *de aloé vera*	Sumo de limão
Primeiro dia	Fresco	Fresco	Fresco
Dia da deterioração	7th dia	8th dia	9th dia

***Solanum lycopersicum* (tomate)**			
Dia	controlo	Sumo de *aloé vera*	Sumo de limão
Primeiro dia	Fresco	Fresco	Fresco
Dia da deterioração	11th dia	12th dia	13th dia

***Cyamopsis tetragonoloba* (feijão-caupi)**			
Dia	Controlo	Sumo de *aloé vera*	Sumo de limão
Primeiro dia	Fresco	Fresco	Fresco
Dia da deterioração	11th dia	12th dia	9th dia

11th march, 2016

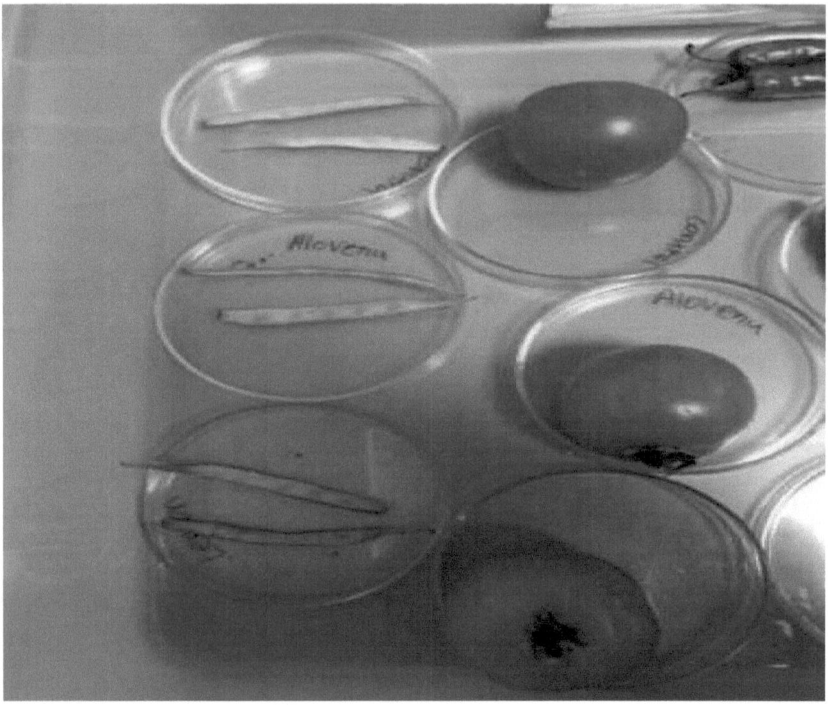

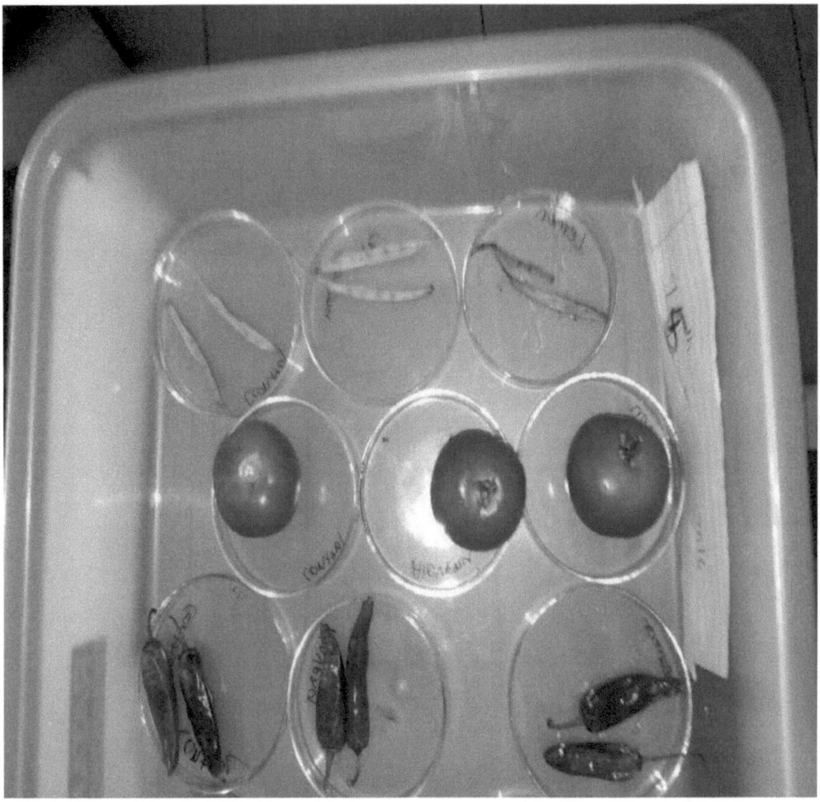

CONCLUSÃO

Pela experiência, concluímos que, no dedo de moça, a amostra que é revestida com sumo *de aloé vera* é mais boa do que as outras 2 amostras porque demora mais dias a perecer, no brinjal, a amostra que é revestida com sumo de limão é mais boa após a colheita, no chili e no tomate, também a amostra revestida com sumo de limão é mais boa do que as outras e, no feijão de cacho, a amostra revestida com sumo *de aloé vera* é mais boa.

Referências

1. Lipinski B, Hanson C, Lomax, J, Kitinoja, L, Waite, R. Searchinger, T. 2013 *Reduzir a perda e o desperdício de alimentos*. Documento de trabalho, Parte 2 de Creating a Sustainable Food Future. Washington, DC

2. Warriner K, Huber A, Namvar A, Fan W, Dunfield K. 2009. Recent advances in the microbial safety of fresh fruits and vegetables. *Adv. Food Nutr. Res.* **57**, 155-208.

3. Caleb OJ, Mahajan PV, Al-Said, FA, Opara UL. 2013. Tecnologia de embalagem em atmosfera modificada de produtos frescos e frescos cortados e as consequências microbianas - Uma revisão. *Food Bioprocess Technol.* **6**, 303-329. 15

4. Olaimat AN, Holley RA. 2012. Factores que influenciam a segurança microbiana dos produtos frescos: uma revisão. *Food Microbiol.* **32**, 1-19.

5.Arowora, K.A.; Williams, J.O; Adetunji, C.O.; Fawole, O.B.; Afolayan, S.S.; Olaleye, O.O.; Adetunji, J.B; Ogundele, B.A. Effects of *Aloe vera* coatings on quality characteristics of oranges stored under cold storage. *Greener J. Agric. Sci.* **2013**, *3*, 39-47.

6. Kumar, S.; Bhatnagar, T. Estudos para aumentar o prazo de validade dos frutos utilizando revestimentos à base de plantas de *Aloé vera*: A review. *Int. J. Agric. Food Sci. Technol.* **2014**, *5*, 211-218.

7. Misir, J.; Brishti, F.H.; Hoque, M.M. *Aloe vera* gel as a novel edible coating for fresh fruits: A review. *Am. J. Food Sci. Technol.* **2014**, *2*, 93-97. *Revestimentos* **2015**, *5* **983**

8. Saks, Y.; Barkai-Golan, R. *Aloe vera* gel activity against plant pathogenic fungi. *Postharvest Biol. Technol.* **1995**, *6*, 159-165.

9. Jhalegar, J.; Sharma, R.R; Singh, D. Antifungal efficacy of botanicals against major postharvest pathogens of Kinnow mandarin and their use to maintain postharvest quality. *Fruits* **2014**, *69*, 223-237.

10. Benhamou, N. Potencial do micoparasita, *Verticillium lecanii*, para proteger os citrinos contra *Penicillium digitatum*, o agente causal do bolor verde: Uma comparação com o efeito do quitosano. *Phytopathology* **2004**, *94*, 693-705.

11. Zeng, K.; Deng, Y.; Ming, J.; Deng, L. Indução de resistência a doenças e metabolismo de ROS em laranjas de umbigo por quitosana. *Sci. Hortic.* **2010**, *126*, 223-228.

12. Mario A. GARCÍA, Marisabel VENTOSA, Raúl DÍAZ, Silvia FALCO, Alicia CASARIEGO, 2014. Efeitos do revestimento de *Aloe vera* na qualidade pós-colheita do tomate, *Frutas,* 2014, vol. 69, p. 117-126

13. John lindley 1838, "Flora Medica" - *C. annuum* na página 509 .

Sítios de horticultura pós-colheita, página web: **www.postharvest.com.au**

14. La Gra, J. 1990. A commodity systems assessment methodology for problem and project identification. Idaho, EUA, University of Idaho, College of Agriculture, Postharvest Institute for Perishables. Postharvest Handling of Fresh Vegetables (Manuseamento pós-colheita de produtos hortícolas frescos)

15. WILLS, R.B.H. 1988, Post-harvest and handling and storage of fruits and vegetables FAO/GCP/CPR/008/BEL, Beijing, China.

MIX
Papier aus verantwortungsvollen Quellen
Paper from responsible sources
FSC® C105338

Printed by Books on Demand GmbH, Norderstedt / Germany